Paul de Rémusat

La Chimie agricole et ses progrès

Techniques

 Le code de la propriété intellectuelle du 1er juillet 1992 interdit en effet expressément la photocopie à usage collectif sans autorisation des ayants droit. Or, cette pratique s'est généralisée dans les établissements d'enseignement supérieur, provoquant une baisse brutale des achats de livres et de revues, au point que la possibilité même pour les auteurs de créer des œuvres nouvelles et de les faire éditer correctement est aujourd'hui menacée. En application de la loi du 11 mars 1957, il est interdit de reproduire intégralement ou partiellement le présent ouvrage, sur quelque support que ce soit, sans autorisation de l'Éditeur ou du Centre Français d'Exploitation du Droit de Copie , 20, rue Grands Augustins, 75006 Paris.

ISBN : 978-1719142328

10 9 8 7 6 5 4 3 2 1

Paul de Rémusat

La Chimie agricole et ses progrès

Techniques

Table de Matières

Section I	7
Section II	14
Section III	25
Section IV	30
Section V	36

Section I

L'agriculture est à la mode. Les capitaux, l'activité, la science, la fantaisie même se sont portés vers elle, et le mouvement de l'argent, qui semble remplacer aujourd'hui le mouvement de l'esprit, ne lui a pas nui. Les plus désintéressés des hommes, atteints par ce besoin d'une occupation qui ne fût pas purement intellectuelle, se sont tournés vers les travaux des champs. Il leur a paru que si c'était une manière d'étudier la nature, c'était aussi du travail productif, et qu'à ce double titre, l'esprit de la société moderne ne pouvait repousser l'agriculture. Quelques-uns s'enrichissent, d'autres se ruinent et se mettent alors, comme il convient, à écrire sur la théorie pour se consoler de leur pratique ; mais tous, jeunes ou vieux, speculatifs ou spéculateurs, politiques fatigués des révolutions ou portant le deuil de la liberté, tous se passionnent et pensent, suivant leur goût, faire encore de l'économie politique, de l'industrie, du commerce ou de la science. L'agriculture en effet est tout cela, et elle est plus que tout cela : ce n'est point une science distincte de toutes les autres, c'est un art qui se compose de sciences. On pourrait en ce sens la comparer à la médecine, qui, elle aussi, ne peut être apprise sans un certain nombre d'accessoires plus importants peut-être que le principal. Pour être un agriculteur excellent, il faudrait être à la fois botaniste, mécanicien, chimiste, météorologiste, vétérinaire. De cette diversité même naît pour quelques-uns cette croyance, que rien de tout cela n'est nécessaire, et qu'on peut cultiver, comme on peut parler politique ou juger des opéras. D'autres au contraire, plus sérieux, sachant qu'il est impossible d'être universel et difficile de faire les choses sans les savoir, cherchent dans l'agriculture la science qui leur plaît le mieux. De même qu'il y a des médecins chimistes, mécaniciens, anatomistes ou physiologistes, et que non-seulement les procédés, mais la définition même de l'art de guérir diffèrent suivant que l'on prend pour guide Broussais, Pinel ou Orfila, de même dans l'agriculture on peut s'attacher surtout à l'art de battre mécaniquement les récoltes ou de retourner la terre d'une façon plus parfaite, ou à la botanique et à la connaissance des plantes les plus fécondes et les plus industrielles, ou au commerce des animaux, ou à l'hippiatrique, ou à la chimie avec M. Liebig,

M. Boussingault et M. Payen. Quelques personnes enfin savent y trouver de douces jouissances et des consolations, et l'on pourrait les dépeindre comme. Homère : *Laertem lenientem desiderium…, colentem agrum et eum stercorantem facit.*[1]

Ajoutons enfin que toute cette collection d'arts et de sciences n'est pas toute l'agriculture, constituée essentiellement par leur concours sagement entendu et leur application à l'exploitation des terres, — de telle sorte que si l'on veut rester dans la généralité, on peut, sans rien exposer qui soit spécialement scientifique, donner les plus utiles conseils, satisfaire la curiosité des gens du monde et instruire les agronomes. C'est ce qu'ont fait des hommes distingués, l'un surtout qu'il est inutile de nommer aux lecteurs de la *Revue*, et dont le livre éminent est aujourd'hui dans toutes les mains. Pour atteindre un tel succès, il lui a suffi d'une grande connaissance de l'économie politique, d'un bon sens supérieur, d'une sagacité attentive et d'un style excellent.

On ne peut tenter de rivaliser avec M. de Lavergne, et c'est à un autre point de vue que le sien que nous voudrions nous placer. Avant d'attirer les yeux des écrivains et des savants, l'agriculture existait, et il n'est pas nécessaire d'être fort habile pour assurer qu'elle fut la première des sciences, si du moins les procédés que les premiers hommes employèrent pour se nourrir, et qui étaient plutôt instinctifs qu'empiriques même, sont dignes de ce nom. Elle a été pratiquée longtemps avant d'être étudiée, et chantée avant d'être scientifiquement exposée. De l'imagination à la raison le passage est souvent difficile, et les hommes mirent bien des années à découvrir qu'une profession qui leur semblait si noble et si belle, que des rois même ne dédaignaient pas, pût être assujettie comme toutes les autres à des règles précises. Dans la production du blé, ils trouvaient quelque chose de si grandiose et de si mystérieux, qu'ils ne songeaient pas à la perfectionner comme ils amélioraient la fabrication des étoffes ou des armures. De plus, cultiver la terre est pénible : aussi l'ignorance et les goûts des cultivateurs ont-ils été longtemps un obstacle à la perfection des arts agricoles. Cette dernière cause agit encore aujourd'hui, et l'on conçoit quels lents progrès doit faire une science difficile, pratiquée par des hommes d'ordinaire grossiers, qui croient tout savoir sans rien apprendre.

1 Cicéron, *De Senectute XV*.

Ils nient les perfectionnements sans les connaître, pensent qu'une amélioration est une injure envers leurs pères, que toute science est ne pure occupation de l'esprit, et ils confondent sans cesse la routine avec l'expérience.

Par ces causes diverses, le vocabulaire des agriculteurs est rempli d'expressions qui parfois représentent des idées justes, mais qui ont toujours métaphoriques, car l'exactitude n'appartient ni aux poètes ni aux natures primitives. C'est une science qui n'a pas de termes techniques, et dont les adeptes parlent comme tout le monde, c'est-à-dire fort mal. Heureux encore quand leurs locutions figurées expriment inexactement des faits vrais ! Dans les sciences pourtant, il est presque aussi funeste de se tromper sur la forme que sur le fond, et ici la forme est presque toujours mauvaise pour un fond qui est rarement excellent. On est étonné, quand on y réfléchit, de la quantité de phrases que la raison ne saurait expliquer, et qui remplissent nos conversations journalières. Sans penser, comme l'école de Condillac, qu'une langue bien faite soit toute la science, on peut souhaiter que tous ces non-sens disparaissent, surtout lorsqu'il s'agit d'exprimer les difficultés d'un art et de les résoudre. Or les axiomes qui font le désespoir ou la sécurité des cultivateurs sont d'ordinaire inintelligibles. Pour ne citer que les plus communs, que veut-on dire lorsqu'on recommande de laisser reposer un champ après une récolte de blé ? La terre se fatigue-t-elle ? a-t-elle comme nous des muscles et des nerfs auxquels le sommeil seul peut rendre la souplesse et la sensibilité ? Tous ces organes ne frappent pas nos yeux, et je ne connais personne qui puisse au premier abord distinguer une terre reposée d'une terre lasse. Quels efforts d'ailleurs lui voit-on faire, et ne semble-t-elle pas être purement passive dans l'acte de la végétation ? On ajoute souvent que si la culture du blé fatigue les champs, telle autre, celle de la luzerne par exemple, les repose. Comment cela se peut-il faire ? Je sais bien qu'on dit qu'un travail d'esprit repose d'un travail manuel, ou même que l'épuisement des jambes n'empêche point les bras d'être dispos ; mais toutes les plantes semblent pousser sur le sol d'une manière, sinon identique, du moins très analogue. Si ce sol se fatigue, c'est toujours de la même manière et par un travail du même genre. À peine pourrait-on comprendre que l'effort fût plus faible dans un cas que dans l'autre, difficilement il pourrait être nul, et jamais d'ailleurs cet effort nouveau ne procurerait des forces nouvelles. Lorsqu'on prétend qu'une occupation nous délasse d'une autre, c'est une manière de parler très hasardée ; la seconde fatigue peut faire oublier la première, mais un repos complet vaudrait mieux. Lorsqu'on défriche les forêts vierges, on assure que la terre est fertile, car elle s'est reposée pendant des siècles. Quel être singulier que celui dont les forces ne sont en rien altérées par la production de ces arbres immenses que notre continent connaît à peine, tandis qu'il faut du temps et des soins de toute sorte pour le récompenser, lorsqu'il a porté les tiges légères de l'avoine et du blé ! N'y a-t-il pas ici une disproportion évidente entre l'effort et la fatigue ?

C'est aussi une autre opinion très répandue que la nécessité pour le grain de pourrir avant de germer et pour le fumier de fermenter. Toute vie vient de la pourriture, assure-t-on, et pour que les engrais agissent, il faut qu'ils soient fermentes ou consommés. Personne ne doute de ces axiomes, et l'on cite à l'appui la multitude de vers et de mouches que semble produire toute matière organique en putréfaction. Comment se fait-il alors qu'un cadavre de cheval ne donne pas naissance à des chevaux, une vache morte à des génisses, et que le grain qui se pourrit dans un grenier ne forme pas des épis de froment ? Il n'est personne qui ne sache distinguer les deux phénomènes. Lorsqu'une graine germe, elle s'étend et forme un végétal pareil à celui qui l'a portée ; mais lorsqu'une matière organique entre en putréfaction, elle offre seulement de la chaleur et un aliment aux germes apportés sans cesse par le mouvement de l'air. Personne n'imagine que de la paille ou de la farine corrompue sont sur le point de donner du blé ou de l'avoine, et cependant l'expression n'est pas et ne sera pas de longtemps abandonnée. On pourrait multiplier les exemples et prouver que la langue agricole est toute poétique. Si donc l'on veut continuer de s'en servir, il faut du moins l'expliquer et voir ce qu'il y a de vrai sous ces locutions, car on risque fort de parler longtemps ainsi sans s'entendre, et il est temps enfin *de savoir ce que parler veut dire*.

Les expériences agricoles sont longues et difficiles, les résultats en sont incertains, par mille causes que l'expérimentateur connaît imparfaitement, et surtout qu'il ne saurait ni modifier ni prévoir.

De ce qu'une plante a réussi dans un champ, il n'est pas permis de conclure qu'elle y poussera toujours, car le froid, la chaleur, la pluie, la grêle, le vent, varient d'une année à l'autre ; les engrais des fermes ordinaires ne sont jamais analysés et sont rarement identiques ; les labours sont bien ou mal faits. La sécheresse a tué la plante, tandis qu'une pluie l'eût sauvée. C'est un peu comme en médecine : le même remède, dans des cas qui paraissent identiques, a des effets divers. Mille causes peuvent agir sur les végétaux comme sur les hommes. La météorologie, qui pourrait donner sur ces causes quelques indications, n'est pas encore une science, et ses progrès, si elle doit en faire, ne s'accompliront pas sous nos yeux. Comment peut-on savoir, par exemple, si le froment épuise la terre ? La première fois qu'on le sème dans un champ, la moisson est abondante, il en est de même la seconde année ; la troisième récolte est moins bonne, mais les cultivateurs assurent que l'hiver a été trop sec ; la quatrième fois elle est mauvaise, mais ce sont les inondations qui ont fait grand mal. Faut-il continuer ou s'arrêter ? Le blé ne vient pas sur un domaine, le propriétaire y plante de la vigne ; elle meurt. Sans doute la plantation a été mal faite ; on recommence, et on a la satisfaction de la voir pousser, mais aucune grappe ne couronne ses pampres rabougris. Que conclure de ces observations, et comment pratiquer une science où l'expérience même est incertaine ? Il n'est pas une de ces tentatives qui ne dure plus d'une année, il faut les recommencer indéfiniment, et en attendant la vie se passe, l'argent se dépense, et la terre devient stérile.

Que l'on se figure une masse composée d'air, de terre et d'eau, d'un poids déterminé, et dans cette masse une graine qui commence à se développer. Peu à peu les racines s'allongent et s'éparpillent, la tige s'élève, les feuilles, les fleurs et enfin les fruits apparaissent. Le poids de la masse totale a-t-il augmenté par l'apparition de cet être nouveau ? Non certainement, et il ne saurait être douteux pour personne qu'il a dû puiser dans ce qui l'entoure les éléments qui le composent ; mais ces éléments au premier abord semblent différer du sol, de l'air ou de la terre, et on ne peut confondre le bois ou la paille avec ces substances. Bien plus, tous les végétaux ne sont pas identiques, et un même végétal, aux différentes époques de son existence, doit avoir une composition variable ; la tige du topinambour ne ressemble point à celle de la betterave, et les fruits verts ne sont pas sucrés. Enfin la terre est tantôt rouge, tantôt grise, noire, jaune, compacte ou friable. Il se passe donc à chaque instant dans toute fleur, toute tige et toute racine des transformations. Des substances nouvelles se créent, d'autres sont détruites, et, comme le poids total de la matière ne varie pas, cette création et cette destruction ne peuvent être que combinaison et décomposition. En même temps agissent la chaleur et l'électricité. Enfin il n'est pas besoin de démontrer que la nature du sol et celle de la graine doivent avoir une influence sur le phénomène : les éléments qui les composent doivent réagir, comme on dit en chimie, les uns sur les autres et sur les corps nouveaux qui se produisent. Suivant que la terre aura telle ou telle composition, telle ou telle combinaison sera plus facile, et une certaine plante pourra facilement pousser, fleurir et fructifier. Or quelle est la science des combinaisons et des décompositions ? C'est apparemment la chimie. Elle montre comment on peut hâter ou retarder l'union de deux substances, et si cette union est possible. Elle sait faire la part de la chaleur, de l'électricité et de l'humidité, et trouver dans cette masse au milieu de laquelle se développe le végétal quelles sont les substances qui doivent plus tard le composer, quelles sont les inutiles, quelles sont les nuisibles. Les expériences chimiques sont si simples, si faciles et si courtes, que l'incertitude et la perte de temps dont nous avons parlé disparaissent, et qu'elles peuvent être facilement exprimées dans une langue précise et claire. Longtemps les relations de la chimie et de l'agriculture ont été niées, et c'est à la fois la cause et l'effet de l'imperfection de cette dernière science, qui d'ailleurs a toujours été pratiquée par trop de monde pour faire des progrès rapides. Plus un art est universel, moins il se perfectionne. La chimie au contraire, étudiée par un petit nombre de gens instruits, est devenue en peu d'années telle que nous la voyons aujourd'hui. Ce qui est fait par tous participe aux erreurs de chacun, et de cette somme d'erreurs diverses la vérité ne saurait sortir ; mais maintenant la science doit cesser d'être exclusive, et dès qu'elle peut être utile, elle se doit à tout le monde, dût-elle y perdre un peu de sa grandeur. C'est ce qu'ont fort bien compris la plupart des chimistes de notre temps, et déjà des résultats certains ont témoigné de l'utilité de cette direction.

L'homme qui le premier a divisé les terres en argileuses, siliceuses et calcaires a fait de la chimie agricole ; on pourrait dire que la science même ne se compose que des conséquences de cette première division. Cependant la plupart de ceux qui classent ainsi les terres se bornent à ces désignations vagues. Ils ne se demandent pas pourquoi telle ou telle de ces trois espèces de terre a telle ou telle propriété et quelles sont les différences substantielles de ces espèces mêmes. Ces praticiens s'en tiennent aux généralités, ils se gardent bien d'entrer dans les détails, comme si toute idée générale n'était pas appuyée sur des faits particuliers. C'est de ces faits que nous voulons parler, et il nous semble qu'il ne serait pas inutile de tenter d'expliquer quelques-uns de ces phénomènes, qui paraissent souvent fort simples, parce qu'ils sont très communs, qui deviennent incompréhensibles lorsqu'on y pense sérieusement, et qui pour une raison ou pour une science un peu plus avancée arrivent à être parfaitement clairs et explicables. Ainsi nous parlions du blé tout à l'heure : pourquoi épuise-t-il le sol ? Surtout parce que ses racines absorbent du phosphate de chaux et sans doute aussi de l'ammoniaque. Si ces deux substances manquent, il ne viendra point. Une analyse facile ne vaut-elle pas mieux qu'une expérience coûteuse et longue ? De même le raisin est en partie formé de tartrate de potasse : comment la vigne fructifierait-elle sur un sol qui ne contiendrait aucun sel potassique ? Les circonstances atmosphériques agissent sans doute, et on doit en tenir compte ; mais si, comme chacun en convient, la plante puise ses éléments dans ce qui l'entoure, la pluie et la sécheresse n'ont qu'une influence secondaire. Elles ne peuvent ni suppléer à l'absence des réactions, ni créer de nouveaux éléments. La terre est composée de substances agissant chimiquement les unes sur les autres sous l'influence de la chaleur, de l'air et de l'électricité. Comment cultiver un sol sans connaître la plupart de ses actions, sans savoir ce que c'est que l'air, ce que c'est que l'eau, les combinaisons et les décompositions de l'un et de l'autre ? Les lois de la nature sont immuables et éternelles, et ce qui a été reconnu par la science est vrai aussi dans la pratique. Lorsqu'une expérience est en contradiction avec une de ces lois, assurément elle a été mal faite. Ajoutons même que tout succès en dehors des règles ne peut être très utile, car comment se placer dans les mêmes conditions, si on ne les a pas scientifiquement observées ? On risque de réussir une année et d'échouer vingt fois.

On ne peut s'étendre longuement ici sur les généralités de la chimie agricole, et il faut entrer tout de suite au cœur même du sujet. Les sciences appliquées ne comportent pas d'idées générales, et la chimie est tout entière dans ses applications ; c'est la pratique des autres sciences. Elle ne se compose point d'abstractions logiquement enchaînées ; elle observe les faits, et si elle explique parfois, ses explications reposent toujours sur des expériences nouvelles. Faire une théorie chimique, c'est mettre en évidence toutes les conditions d'un phénomène et vérifier par des essais distincts chaque conclusion. Un bon traité de chimie est un recueil d'expériences, et le meilleur est celui qui en contient le plus sous la forme la plus précise. Aussi introduire cette science dans une autre, dans la physiologie, l'agriculture, la médecine ou la minéralogie, c'est y introduire l'expérience, et on ne saurait prétendre que les hommes qui ont enseigné aux industriels à faire du savon, de l'alcool ou du bleu de Prusse, ne fussent-ils jamais entrés dans une fabrique, ne soient que des théoriciens. C'est aussi par un abus de langage que l'on donne ce nom aux chimistes agriculteurs ; ils le doivent à la malveillance à laquelle sont toujours exposés ceux qui tentent de comprendre ce qu'ils font. Un temps arrivera où tous ces malentendus cesseront et où les agronomes placeront dans leur reconnaissance les noms de M. Boussingault, M. Liebig et M. Payen, à côté de ceux d'Olivier de Serres et de Mathieu de Dombasle. Alors aussi le langage scientifique sera couramment employé, car il n'est pas aussi indifférent qu'on le croit d'être compris par les autres, de se comprendre soi-même, et de ne plus parler en poète, mais en savant. C'est à la chimie qu'il appartient d'opérer cette transformation ; c'est la science la plus propre à exaucer la prière de Courier : Grand Dieu ! préserve-moi de la métaphore.

Section II

Rien ne se perd, rien ne se crée. Voilà le principe fondamental de la chimie agricole. Il n'y a dans le monde matériel que des transformations. C'est une expression inexacte que de dire qu'un corps se détruit. En réalité il se décompose, et ses éléments s'unissent sous une autre forme, mais ne s'anéantissent point. Le monde contient une certaine quantité de matière qui n'augmente ni ne diminue, et au moyen d'un petit nombre de corps élémentaires diversement combinés, la nature a su faire cette diversité infinie d'hommes, d'animaux, de plantes et de pierres. Non-seulement le nombre et l'essence de ces éléments ne varient point, mais ils sont matériellement les mêmes, peut-être depuis le commencement des âges. Les éléments d'un corps décomposé vont former de nouvelles substances, mais il est probable qu'aujourd'hui aucune des parcelles de la terre que nous foulons ou de l'air que nous respirons n'est neuve, c'est-à-dire n'a servi à former la chair ou le sang, les os ou les branches d'aucun homme ou d'aucun arbre. Un mouvement éternel anime la matière, et ce n'est pas sur une fantaisie, c'est sur la réalité même qu'un philosophe rêveur avait établi la théorie, devenue chimérique entre ses mains, du *circulus*.

Tous les livres de chimie agricole, et le nombre en est grand aujourd'hui, tous les mémoires et toutes les expériences des chimistes agriculteurs reposent sur ce principe, et sont destinés à expliquer la nature de ces transformations et les combinaisons intermédiaires entre le corps qui se détruit et celui qui se forme. Lorsqu'une graine commence à germer, elle se gonfle, son enveloppe se rompt, et tandis que la radicule, qui doit plus tard devenir la racine, se dirige vers le sol, la plumule, qui doit devenir la tige, se développe. La plante qui naît se trouve ainsi exposée à l'action de l'air, de la terre et de l'humidité ; il se produit aussitôt des réactions chimiques, il se dégage de l'électricité et de la chaleur, et c'est là, c'est dans cette eau, ce sol et cette atmosphère, que le végétal puise tous les éléments qui doivent le composer. Il faut donc qu'ils s'y trouvent, et en même temps il faut qu'ils soient dans un certain état propre aux combinaisons nouvelles qu'ils vont former. S'il y a quelque chose de mystérieux dans la cause première de la germination, dans cette force qui se développe tout à coup au sein d'une petite graine, sous l'influence de l'oxygène et de l'humidité, à partir de ce moment, l'impulsion une fois donnée, rien ne doit plus être mystérieux ; les corps de la nature sont soumis aux mêmes lois, qu'ils se trouvent dans les creusets de nos laboratoires ou dans le sein de la terre. Du premier de ces phénomènes nous n'avons pas, grâce au ciel, à nous occuper : il appartient à une science qui n'est pas encore faite, à cette partie de la physiologie sur laquelle l'expérience n'a pu encore jeter qu'un faible jour, et qui se confondra sans doute avec la chimie et la physique. Ainsi la confusion est déjà évidente pour l'introduction des sucs dans les racines : cette succion est un phénomène du ressort de la physique, que l'on peut reproduire à volonté, et nommé *endosmose* par M. Dutrochet ; mais cela ne doit point nous arrêter, et nous ne nous préoccuperons que des actions bien connues et bien claires de chacun des éléments du sol, de l'air et de l'eau sur les organes de la plante. Ces actions ont été particulièrement étudiées par M. Boussingault, à qui avant tout il faut rendre hommage lorsqu'on touche à la chimie appliquée à l'agriculture : les autres n'ont fait que vérifier ou étendre ses découvertes. C'est lui qui le premier, en France du moins, car Davy, en Angleterre, avait là aussi marqué la trace de son génie, a recherché quelle partie de ses éléments la plante enlève au sol, quelle autre à l'eau, quelle autre à l'air. On voit tout de suite que, quelque délicates que soient ces expériences, et quoique faites pour les mains habiles d'un théoricien dans un laboratoire, elles ont une conséquence immédiate dans la pratique. Telle plante qui se nourrit dans l'air épuisera à peine le sol, telle autre dont les racines seules enlèvent au milieu ambiant les principes nutritifs aura besoin d'être très fumée, telle autre qui réunira ces deux caractères se placera dans la moyenne. En outre il sera important de connaître quels éléments sont fournis par l'air, quels autres par le sol, pour modifier ce dernier suivant les cas. On comprend donc déjà qu'on puisse dire au figuré qu'une plante fatigue plus ou moins le sol, qu'une plante est plus épuisante que l'autre, puisqu'on n'a point à renouveler l'air qui s'étend indéfiniment autour de nous, tandis que le sol d'un champ s'épuise et ne peut être remis en état que par de coûteux engrais, en ce sens qu'il perd de ses éléments et qu'il faut les lui rendre.

Les chimistes ont divisé tous les corps de la nature en substances minérales et substances organiques. Les premières forment les individus du règne minéral, et les autres ceux des règnes animal et végétal. Il ne serait pas difficile de montrer que cette division est arbitraire, car bien des éléments sont communs aux trois règnes ; mais elle est commode, et on ne doit y renoncer que dans les livres véritablement scientifiques. Les éléments qui composent toute substance organique sont le carbone, l'hydrogène et l'oxygène, auxquels se joint l'azote dans la plupart des plantes et chez tous les animaux. Les éléments minéraux de tout être vivant sont plus variables, quoique leur poids soit moindre. Pour bien saisir cette distinction, il faudrait savoir la chimie, et pour comprendre qu'elle est inexacte, il faudrait la savoir mieux encore. Il suffit pour notre objet de dire que la partie inorganique d'un être animé se retrouve dans ses cendres, composées de sels divers, de chaux, de potasse, de soude, de magnésie. Le poids de ces cendres n'est pas constant, non-seulement pour des végétaux différents, mais encore pour des végétaux d'une même espèce, et même par les diverses parties d'un même végétal. Ainsi les herbes donnent plus de cendres que les bois, le tronc en laisse plus que les branches, les branches moins que les feuilles. Le foin laisse 0,06 de cendres pour 100 de plante sèche, le peuplier 0,0080, la paille de blé 0,0440, et le grain 0,0240 ; la paille d'avoine 0,0051, et l'avoine 0,0310.

Les quatre éléments des substances organiques, dont trois sont gazeux, se trouvent dans l'air, qui contient à peu près un cinquième d'azote et quatre cinquièmes d'oxygène ; mais l'air renferme aussi de la vapeur d'eau, de l'acide carbonique, c'est-à-dire une combinaison de carbone et d'oxygène, puis de l'hydrogène, de l'ammoniaque, c'est-à-dire un composé d'hydrogène et d'azote. On pourrait donc concevoir que les plantes puisent dans l'air directement tous leurs principes organiques, et en effet tout le monde a vu dans les serres des orchidées suspendues à un fil s'accroître dans l'air humide. Des plantes, même plus communes, peuvent germer, sans que le sol leur fournisse aucun aliment, dans du sable pur ou de la brique pilée ; mais les plantes nées ainsi sont toujours faibles et languissantes. Que leur manque-t-il donc ? D'abord le carbone est-il fourni par l'air ou par le sol ? Il forme une partie importante du poids de tout être animé, car on sait que le bois réduit en charbon perd de son poids, mais conserve sa forme, son squelette pour ainsi dire. Pourtant l'air contient une quantité d'acide carbonique qu'on ne peut évaluer à plus de trois ou six dix-millièmes. Est-ce dans cette quantité, relativement faible, que les feuilles et les tiges des végétaux puisent par une décomposition le carbone qui les constitue, ou sont-ce les racines qui vont le puiser dans le sol ? Pour arriver aussitôt à la pratique, doit-on se préoccuper, par les engrais ou les amendements, de fournir aux plantes ce carbone qui constitue plus de la moitié de leur poids ?

La décomposition de l'acide carbonique de l'air a été opérée d'abord par Bonnet, puis vérifiée par Priestley, Sennebier et Ingenhousz, et enfin étudiée la balance à la main par Théodore de Saussure dans une expérience célèbre confirmée plus tard par M. Boussingault. De Saussure a vu que les parties vertes des végétaux, formées de cette substance que l'on a appelée la chlorophylle, sont douées de la propriété singulière d'absorber l'acide carbonique, de garderie carbone et de rejeter l'oxygène. On sait que chez les animaux le contraire a lieu, qu'ils absorbent de l'oxygène et rejettent de l'acide carbonique, de sorte que la composition de l'air varie à peine, et le vent la maintient partout identique. Cette expérience de Théodore de Saussure est confirmée par ce qui se passe journellement sous les yeux. Ainsi les forêts qui ne sont parfumées livrent journellement à la consommation des quantités considérables de carbone ou de charbon, et la quantité d'acide carbonique que pourraient leur fournir les eaux souterraines est insignifiante. Il en est de même des prairies. On peut, par des engrais, augmenter le rendement des champs en carbone sans que les engrais en contiennent. Les plantes puisent ainsi dans l'air, qui ne peut s'épuiser. La quantité de carbone contenue dans l'atmosphère entière est évaluée par M. Liebig à plus de 1,500 billions de kilogrammes. Lors donc même que les hommes cesseraient d'exister, la végétation ne disparaîtrait pas aussitôt. Si l'on faisait l'expérience inverse et que l'on fumât un champ avec du carbone ou ses combinaisons, la moisson ne serait pas meilleure. Pour augmenter la récolté, il ne faut donc pas augmenter la proportion de carbone du sol, mais faciliter le développement de la plante par d'autres procédés, de sorte qu'offrant à l'air une plus grande surface, ses feuilles et sa tige agissent sur plus d'acide carbonique à la fois.

L'oxygène forme environ les deux cinquièmes et l'hydrogène le vingtième de tout végétal. La source de ces éléments est encore plus facile à découvrir que celle du carbone et a été moins contestée. Je ne veux au reste exposer ici que les résultats certains et non les hypothèses, comme, par exemple, la théorie de l'humus, encore soutenue dans un livre, bien fait d'ailleurs, de M. Sacc, L'humus et l'acide carbonique qu'il produit peuvent aider à la végétation, mais n'en sont point les agents principaux. L'eau, soit celle de l'air, soit celle du sol, se décompose à chaque instant, et fournit aux plantes de l'oxygène et de l'hydrogène. De plus ce n'est que sous l'influence des rayons solaires, ou plutôt des rayons chimiques du soleil, que la chlorophylle décompose l'acide carbonique ; dans l'obscurité, le contraire a lieu, et les plantes absorbent de l'oxygène, dont elles rejettent une partie combinée à du carbone et dont elles condensent l'autre partie. On sait que c'est pour cette raison que quelques médecins défendent aux malades de se promener le soir. C'est en effet le moment de la journée où l'air est le plus vicié. Quant à expliquer pourquoi les végétaux sont successivement des producteurs et des consommateurs d'acide carbonique, on ne le peut, et il faut abandonner le fait aux partisans des causes finales. Ce n'est pas tout d'ailleurs, et l'oxygène de l'air ne suffirait pas à nourrir toutes les plantes ; les racines vont chercher l'oxygène dans le sol, qui le leur fournit, non à l'état de combinaison, mais pur, ou plutôt, comme disent les chimistes, à l'état naissant, c'est-à-dire dans l'état le plus propre aux combinaisons. Ce serait une raison, entre mille autres, de labourer la terre avec soin, de sorte que l'air puisse pénétrer dans le sol. Cet oxygène, ainsi absorbé par les racines, les fruits et les parties ligneuses, se change bientôt en acide carbonique, qui parvient jusqu'aux parties vertes, où se passe un phénomène identique à celui que j'ai décrit tout à l'heure. Une décomposition a lieu, et le carbone est absorbé, tandis qu'une partie de l'oxygène mise à nu est expulsée ; l'eau aussi est décomposée. Aucune expérience ne le prouve précisément, mais la fixité de la composition de l'air rend cette décomposition très probable. Si une partie de l'oxygène ne venait pas de l'eau, l'atmosphère ne serait bientôt plus respirable.

Voilà donc trois des substances composant les végétaux qu'il est inutile de fournir au sol, et il faut se contenter d'en favoriser l'assimilation par des labourages qui aèrent la terre et permettent à l'eau de venir mouiller les racines. Ces trois substances sont nécessaires, mais c'est l'eau du ciel, l'atmosphère et la respiration des hommes qui les fournissent, et par conséquent l'agriculteur n'a pas à y songer. Pour l'azote, la question est plus difficile, et la science ne s'est pas encore prononcée d'une manière définitive sur toutes les parties d'un problème posé d'ailleurs plus tard que les autres. De toute éternité, on sait que les plantes donnent du charbon après une combustion imparfaite, et depuis les découvertes de Lavoisier on sait que l'oxygène et l'hydrogène font partie de toute substance organique ; mais c'est très récemment que la présence de l'azote, admise dans la viande et la plupart des organes des animaux, a été mise hors de doute dans le règne végétal. M. Payen en a trouvé d'abord dans les graines et dans les jeunes pousses ; plus tard il a pu affirmer que l'azote était non pas un accident, mais la règle générale. C'est même par la proportion d'azote contenue dans un fourrage ou une graine que sa valeur nutritive est déterminée, de sorte que cette substance, qui avait été nommée *azote* par Lavoisier pour indiquer qu'elle est impropre à la vie et dans laquelle en effet on ne pourrait vivre, est au fond l'indispensable agent de la vie.

Les quatre cinquièmes de l'atmosphère terrestre sont formés d'azote. La nature a donc mis auprès de nous la source de la vie, et les végétaux semblent devoir facilement y puiser. Autour de leur tige, de leurs fleurs et de leurs fruits se meuvent sans cesse des quantités énormes d'azote, qui, comme l'oxygène, semblent devoir être absorbées et assimilées par eux. La nature prévoyante a su réunir dans l'air les substances propres à les faire vivre, comme l'oxygène, par la respiration, et aussi à les faire exister avec une forme particulière. Malheureusement ceux qui aiment la simplicité sont souvent déçus lorsqu'ils étudient les phénomènes naturels et leurs causes. M. Boussingault a fait germer des graines (c'étaient, je crois, des haricots et de l'avoine) dans une atmosphère ne contenant que de l'azote, de l'oxygène et de l'acide carbonique, mais privée, ainsi que le sol, de toute combinaison azotée. Les plantes sont mal venues, et ne contenaient que l'azote renfermé dans la graine après trois mois de végétation. L'expérience a été cent fois refaite, et le résultat n'a point varié. Tout l'azote des végétaux serait-il donc fourni par le sol ou apporté par les engrais ? Et cependant les prairies et les forêts poussent sans cesse, donnent du bois, des glands, du foin, et le sol ne paraît pas s'épuiser ; bien plus, les terres défrichées sont les meilleures, quoique tous les ans la récolte enlève des quantités énormes d'azote. Ainsi sur 1 hectare de prairie on enlève tous les ans 15,000 kilogrammes de foin sec, c'est-à-dire 660 kilogrammes d'azote ; même le produit en azote d'une prairie qui ne reçoit aucun engrais azoté est beaucoup plus considérable que celui d'un champ de froment qui a été fumé. D'autres plantes, comme le lupin, viennent sur des terres qui renferment peu ou point de combinaisons azotées. Si, comme nous le verrons bientôt, on peut croire qu'une partie de l'azote des plantes vient du sol, il est clair qu'une partie au moins égale vient de l'atmosphère. Comment pourtant concilier ce résultat avec l'expérience que je citais tout à l'heure ? Il existe une combinaison d'hydrogène et d'azote bien connue sous le nom d'ammoniaque ; cette substance se produit toutes les fois qu'une matière azotée entre en décomposition, et dans les écuries mal tenues, elle se révèle par une odeur caractéristique fort sensible. Les analyses de l'air délicatement faites prouvent qu'il en contient toujours des traces il est vrai ; mais c'est au moyen de ces traces sans cesse absorbées et renouvelées sans cesse, qu'un grand nombre de végétaux, tous peut-être, suivant quelques chimistes et M. Liebig à leur tête, composent leurs tiges, leurs feuilles et leurs fruits. L'ammoniaque est décomposé par les feuilles à peu près comme l'acide carbonique. La quantité contenue dans l'air est sans doute fort variable, et les chimistes ne sont point d'accord, car on conçoit qu'elle varie plus que celle de l'oxygène, tant la décomposition de l'ammoniaque est facile, tant la production en est fréquente. Des chimistes ont évalué cette quantité, M. Grœger à 0,000000333 de son poids, M. Kemp à 0,000003380, d'autres à 0,000000133, d'autres à moins encore, à 0,00000002241.

Ce sont là des quantités bien faibles, et il est singulier qu'une des substances les plus utiles aux végétaux et aux animaux, qui est répandue à l'état pur autant et plus que toute autre matière, ne puisse être assimilée par eux que lorsqu'elle a formé avec l'hydrogène une combinaison assez difficile, impossible même à produire par l'union directe de ces deux gaz. Les philosophes doivent toujours être tentés de dire à l'azote, comme Pangloss au matelot de Lisbonne : Mon ami, vous manquez à la raison universelle ! Mais le plus prudent est d'exposer le phénomène sans tenter de raisonner. On sait en outre que le fumier de ferme et la plupart des engrais contiennent de l'azote sous la forme d'ammoniaque ou sous toute autre. Les engrais ammoniacaux sont même réputés les meilleurs. De plus, toute terre contient des débris de matières organiques, et les plus fertiles sont d'ordinaire celles qui en contiennent le plus.

Ainsi, tandis que la boulbène de la Haute-Garonne ne contient pour 1,000 kilog. que 0 k, 7 d'ammoniaque, celle de la Limagne, en Auvergne, en renferme 3k, 2, et en général la fertilité d'un sol est en rapport avec sa richesse en azote. Entre le 54e et le 57° degrés de latitude nord, dans la partie méridionale de la Russie, sur la rive gauche du Volga et le versant asiatique des monts Ourals, est un terrain immense, d'une étendue de 80 millions d'hectares, qui, après avoir nourri plus de 20 millions d'hommes, permet d'exporter, soit dans les autres provinces de la Russie, soit en Europe, plus de 20 millions d'hectolitres de blé. Connu sous le nom de Tchernoyzen ou Tchornoi-Zem, il n'a jamais été fumé ; mais il contient 7 pour 100 de matière organique azotée. Les plantes qui passent pour les plus nutritives sont aussi celles qui ne prospèrent que sur les sols qui contiennent de l'azote soit naturellement, soit artificiellement. Ainsi, pour l'avoine et le seigle, le terrain peut ne contenir que 1 ou 1 1/2 pour 100 de matière organique, tandis que l'orge en exige de 2 à 3, et le blé de 5 à 7. Il est donc probable, — et malgré leurs divergences extrêmes dans l'origine, M. Liebig et M. Boussingault me semblent arrivés à s'accorder sur ce point, — qu'il faut distinguer les plantes en deux catégories : l'une puise surtout son azote dans l'ammoniaque de l'air, l'autre en absorbe la plus grande partie par ses racines. D'ailleurs, même en suivant M. Liebig jusque dans la théorie un peu exclusive qu'il avait d'abord professée, et sur laquelle il est revenu depuis, même en supposant que tout l'azote assimilé provient de l'ammoniaque de l'air, il faudrait admettre que les engrais azotés sont utiles pourtant, soit en modifiant la composition de l'air au-dessus du champ qui les contient, soit en donnant au sol plus de division et augmentant le nombre de décompositions chimiques qui s'y passent. Notons bien pourtant ce point-ci, qui pour la pratique est le plus important, que les plantes à feuilles plus larges, comme la plupart des légumineuses, absorbent surtout l'ammoniaque de l'air, tandis que le blé se nourrit surtout par les racines. Il en résulte que les unes doivent moins épuiser la terre que les autres, et que l'opération qui consiste à enfouir une récolte verte, les lupins par exemple, est plus rationnelle que celle qui consisterait à enfouir du blé ou de l'avoine. Dans le second cas, le champ n'aurait rien perdu, il est vrai ; mais dans le premier il aurait gagné : presque tout l'azote que lui rendraient les tiges, les feuilles et les fleurs, aurait été soustrait à l'air. C'est dans ce sens qu'on dit improprement que certaines plantes fatiguent moins la terre que d'autres. L'expression est inexacte, mais l'idée est juste, et fondée sur les notions les plus saines et les mieux démontrées de la chimie.

On conçoit que je ne parle point en détail de toutes les discussions qui troubleraient l'esprit du lecteur peu habitué à discerner la vérité au milieu des expériences diverses et des théories qu'elles ont fondées. Il suffit de conclure que l'ammoniaque des matières organiques en décomposition et aussi les sels ammoniacaux sont d'excellens engrais. Et ainsi, quoi qu'on en ait dit, la théorie la plus raffinée est d'accord avec la routine, et les membres de l'Académie des Sciences pensent sur ce point comme le plus borné des cultivateurs. On peut encore tirer de là l'explication de bien des problèmes. Par leur décomposition, les matières organiques donnent naissance à de l'ammoniaque et à de l'acide carbonique, et par conséquent à du carbonate d'ammoniaque. Le fumier de ferme ne saurait échapper à cette loi. C'est donc un préjugé funeste qui oblige, dans bien des parties de la France, les agriculteurs à garder longtemps celui qu'ils enlèvent de leurs étables pour le laisser *pourrir*, suivant leur expression. Les fumiers perdent ainsi une grande partie de leurs principes les plus puissants. Je ne parle même pas de ceux qui ne sont point abrités et sont sans cesse lavés par les eaux de pluie, de sorte qu'ils deviennent peu à peu inefficaces, et ne contiennent plus que des matières insolubles, comme l'acide ulmique, sans valeur et sans action ; mais le tas même le plus soigné perd chaque jour une partie importante de son poids. D'après le chimiste italien Gazzeri, cette perte peut aller jusqu'à la moitié du poids total en quatre mois. M. Payen a analysé du fumier frais et le même fermenté, et il a trouvé dans le premier 207 d'azote pour 10,000, et 157,7 seulement dans le second, c'est-à-dire qu'on perd par la fermentation la moitié de la masse du fumier de ferme, la moitié de ses principes solubles et les deux tiers de son azote. On a employé cent précautions pour éviter cette déperdition ; on a arrosé le tas avec des liquides pouvant se combiner avec l'ammoniaque, avec du sulfate de chaux ou plâtre, avec du sulfate de fer ou vitriol vert, espérant qu'il se formerait du carbonate de fer ou de chaux et du sulfate d'ammoniaque, qui est fixe. Le plus sûr cependant est de ne mettre aucun intervalle entre le moment où l'on nettoie les écuries et celui où l'on fume les champs. L'effet du fumier est alors un peu moins immédiat, car la décomposition en est plus lente, et sans cesse les agriculteurs se trompent sur ce point ; mais il est facile de le répandre sur les champs qui vont porter une récolte qui n'a pas besoin d'engrais, et l'année suivante la décomposition est complète. Parmi de nombreux avantages, ce procédé a celui de diviser les terres. En un mot, on ne doit plus suivre le principe de Caton, *sterquilinum magnum stude ut habeas*, ni dire, comme autrefois, qu'en entrant dans une cour de ferme on peut juger du degré d'intelligence d'un cultivateur par les soins qu'il donne à son tas de fumier ; seulement il faut le dédaigner ou l'admirer, suivant qu'il en a un ou qu'il n'en a pas. On conçoit aussi que les autres engrais azotés soient d'une grande valeur, les sels ammoniacaux par exemple, car ils contiennent beaucoup d'azote sous un petit volume. Dans bien des endroits, ils sont encore trop chers pour être employés en grand ; dans d'autres, ils nous sont offerts par la nature en grande abondance. Ainsi la tangue ou le trez, débris d'animaux conservés par le sel marin sur le bord de la mer, et jetés par elle sur la plage, fournissent à l'arrondissement de Morlaix et à toute l'agriculture bretonne un important secours. Mais il est aussi une autre combinaison de l'azote qui a son utilité, et qui se forme dans l'air traversé par un courant électrique, ou tout simplement par un éclair. Ce composé d'oxygène et a azote, connu sous les noms divers d'eau-forte, d'eau de cuivre et d'acide azotique ou nitrique, se trouve dans toutes les eaux de pluie, et agit favorablement sur la végétation, lorsqu'il n'est pas pur, bien entendu, mais combiné à une base. Il forme des sels contenant de 13,78 à 16,42 pour 100 d'azote. L'électricité des nuages ne produit pas seule ces sels. Ainsi dans quelques parties de l'Espagne, de l'Italie, de la France, de l'Inde, etc., il se forme spontanément sur le sol du nitrate de potasse ou salpêtre. On peut en faire artificiellement en construisant de petits murs, et c'est aux agriculteurs d'obéir aux exigences du sol ou du climat. La chimie ne doit leur enseigner que les procédés généraux, la richesse en azote, la composition de chacun de leurs produits, celle aussi de leurs récoltes, et avec la comparaison de ce qu'on a mis et de ce qu'on a enlevé, on peut conclure ce qui reste, et par conséquent ce qu'on gagne ou ce qu'on perd.

Ce serait sortir des bornes que je me suis tracées — entre l'agriculture et la chimie — d'insister sur toutes les réactions des sels ammoniacaux et des nitrates, sur les autres sels du sol, la silice et les matières organiques. Je ne rechercherai pas non plus si l'azote des nitrates, pour être efficace, a besoin de se combiner à l'hydrogène, ou s'il agit à l'état d'acide azotique. Il me suffit d'indiquer ici quels sont les principaux problèmes de la chimie agricole, et en quoi elle peut être utile. Rappelons cependant, pour ne point être accusé de présenter comme des résultats certains des choses encore contestées, que la nécessité de la transformation de l'azote en ammoniaque, même pour l'absorption par les feuilles, a été niée par un observateur, M. Ville, qu'il ne faut point confondre avec M. Sainte-Claire Deville, l'inventeur de l'aluminium, le professeur excellent de la Sorbonne et de l'École normale. Celui des deux qui n'a point découvert un nouveau métal a prétendu rectifier M. Boussingault, et a soutenu l'absorption directe de l'azote par les plantes. Cela est assez peu probable, car cette absorption est lente, et elle devrait être fort rapide, puisque l'air contient tant d'azote libre. Les expériences que M. Ville a faites sont d'ailleurs si difficiles et si longues, que bien des erreurs ont pu s'y glisser, et elles ne méritent pas une absolue confiance. Heureusement cette théorie est étrangère au sujet que je traite, et je n'ai point à la discuter : je ne serais peut-être pas assez habile pour distinguer ici la chimie de la politique.

Section III

La plupart des substances minérales ou inorganiques, les sels, sont peu volatils, et l'air n'en contient que des traces à peine sensibles. C'est donc seulement dans le sol que les plantes doivent puiser cette partie de leur nourriture, qui est plus importante qu'on ne l'imagine. Les mauvaises récoltes viennent d'ordinaire sur les champs qui contiennent peu de sels solubles, et sous ce rapport, il n'existe absolument qu'un seul moyen de rendre au sol sa fertilité, c'est de lui restituer les sels qu'il a perdus ou qu'il ne possédait point. Ces sels sont variables par la quantité et la qualité. Quelques-uns peuvent être suppléés, et il importe de les connaître ; d'autres sont indispensables, non-seulement à la vie des plantes, mais surtout à la forme des animaux qui doivent s'en nourrir. Ainsi deux chênes supportés par des terrains différents peuvent contenir, l'un de la chaux, l'autre de la magnésie. La soude et la potasse peuvent aussi se remplacer suivant que les plantes poussent dans l'intérieur des terres ou sur le bord de la mer. Cependant il est d'autres substances que chaque végétal doit trouver nécessairement dans le sol qui le supporte, sous peine de ne point exister. Les sels les plus ordinaires dans les plantes sont les chlorures alcalins, les phosphates de chaux, les carbonates de chaux et de magnésie, les oxydes de fer et de manganèse, les silicates alcalins. On sait que ce qu'on appelle un sel est le résultat de la combinaison d'une base ou oxyde avec un acide. Cette forme est tellement nécessaire aux plantes que lorsque le terrain ne contient rien qui s'y rapporte, la plante produit elle-même un composé organique doué de propriétés analogues à celles des bases minérales, et ce composé se combine avec un acide. Ainsi, dans des pommes de terre venues sur le sol d'une cave, pauvre en principes minéraux, s'est formé un alcali organique, la solanine. Il est inutile de dire que la récolte était mauvaise.

Les extrémités des radicules, les spongioles, ont des pores bien tenus, et ne peuvent absorber que des liquides. Une poudre, quelque impalpable qu'elle soit, ne saurait s'introduire dans la plante, et si dans les cendres on trouve souvent des sels insolubles, ils se sont formés dans le végétal lui-même, par la réaction de deux sels solubles ou par la combustion. Il faut donc prendre soin, non de ne porter sur la terre que des sels solubles, mais seulement des sels qui, par leurs réactions connues, puissent se transformer en sels solubles et être alors absorbés. Cette absorption se fait d'une façon merveilleuse, et dans une dissolution de plusieurs sels les plantes vont chercher ceux qui leur conviennent dans la proportion nécessaire, et à un degré déterminé de concentration. Ainsi une plante marine prendra du chlorure de sodium ou sel marin, la vigne de la potasse, l'ortie ou la bourrache du salpêtre ou nitrate de potasse, qui alors ne sert point à donner de l'azote aux organes, mais se retrouve à l'état de sel dans la tige. On voit même ici combien cette division entre les deux chimies est arbitraire, puisque ce sel, que nous considérions tout à l'heure comme une source des éléments organiques des végétaux, est maintenant un minéral, et qu'il en serait de même de tous les sels ammoniacaux. Toutes les substances qui composent les plantes se retrouvent dans les minéraux. Remarquons pourtant que dans l'état actuel de la science une différence subsiste. Les sels minéraux que nous considérons maintenant existent dans la plante avec une composition et une forme toujours identiques, qu'il s'agisse du blé, de la pomme de terre ou de l'acacia, tandis que les autres substances y forment des combinaisons infinies, du gluten, de la cellulose, de la fécule, de la légumine, du sucre.

La quantité de sels enlevée par une récolte peut aller jusqu'à 330 kilog. par hectare ; elle est à peu près de 220 kilog. pour le blé, de 199 kilog. pour les betteraves, de 330 kilog. pour les topinambours. L'important est de restituer tout cela, et il y a ici deux choses à considérer : quand on met un engrais sur un champ, fort rarement cet engrais est un sel pur ; c'est tantôt du fumier de ferme, tantôt de la chaux ou de la marne, des débris végétaux, de la tangue, des os et mille autres choses. Les sels que contiennent ces substances sont très variés, et ne peuvent être enlevés par une seule récolte, non-seulement en quantité, mais en qualité ; ainsi telle plante prendra le phosphate de chaux, telle autre le sulfate ou le silicate de potasse ; en un mot, chaque récolte tend à épuiser le sol d'une manière spéciale. Or les engrais sont chers et la main-d'œuvre dispendieuse ; il importe donc de ne rien perdre et d'enlever au sol, sous une forme assimilable pour les animaux, tout ce qu'on y a mis sous la forme de *caput mortuum*. Si une plante ne suffit pas pour cela, il faut en semer une autre douée de propriétés différentes. Il faut, lorsqu'on a enlevé la potasse apportée, prendre la chaux et la silice ; il faut en un mot varier les cultures, il faut inventer les assolements.

C'est la chimie seule qui peut enseigner le meilleur assolement pour un terrain dont la composition est connue. La facilité des transports ou de la communication, le voisinage d'une grande ville ou d'une usine importante, peuvent assurément influer sur le choix ; mais un assolement contraire aux principes de la chimie est destiné à ruiner en peu d'années le cultivateur, soit en enlevant à la terre plus de sels qu'elle n'en reçoit chaque année, soit en ne prélevant qu'une certaine espèce de sels. Il est toujours facile de céder à ces nécessités de situation, car ce n'est pas une certaine plante seule qui a des propriétés particulières, ce sont des familles entières qui se ressemblent, et entre lesquelles chacun peut choisir suivant son goût ou son intérêt. Ainsi le maïs, le navet, la betterave, la pomme de terre épuisent le sol, surtout en potasse ; le tabac, le trèfle et le sainfoin prennent surtout la chaux ; l'avoine, l'orge et le froment, surtout les phosphates et la silice. Ces connaissances, combinées avec l'art de distinguer les plantes qui puisent l'azote dans l'air ou dans le sol, et aussi avec la nécessité, pour nettoyer les champs, d'introduire dans l'assolement des plantes sarclées, qui sont en général des plantes à potasse, — voilà ce qui donne naissance à un bon assolement. Ce n'est pas ici le lieu de les discuter tous et de chercher le meilleur ; mais qu'on étudie par exemple l'assolement quinquennal adopté à Bechelbronn par le grand chimiste agriculteur, M. Boussingault, et l'on verra comment, après avoir fait produire à sa terre plus que personne, il la retrouve toujours après chaque récolte en meilleur état ; la culture pourrait ici être éternelle sans que le sol fût appauvri.

Pour être tout à fait juste, il faut convenir qu'un autre effet, dont les chimistes n'ont pu encore déterminer la cause, vient confirmer la théorie des assolements. Une plante, quelque peu épuisante qu'elle soit, quelque bien fumé que soit le champ, ne saurait venir longtemps de suite au même endroit. L'explication est fort simple, lorsqu'on ne rend pas au sol ce qu'il a perdu ; elle devient difficile dans le cas contraire. Le fait paraît certain cependant à bien des gens, mais on ne saurait disconvenir qu'il n'est pas général. Le maïs est cultivé d'une manière continue sur la côte du Pérou, le blé sur le plateau des Andes, le topinambour en bien des endroits, à Bechelbronn en particulier, où il rapporte annuellement en moyenne 330 hectolitres ou 26,400 kilog. à l'hectare. D'autres exemples encore prouveraient que le fait n'a pas toute la généralité qu'on lui attribue, et qu'il est inutile d'avoir recours, pour l'expliquer, à des excrétions végétales qui, dit-on, tueraient la plante qui les a produites, qui pourraient en nourrir d'autres, et qui sont apparemment invisibles, ou à des animaux enfantés sans doute par la génération spontanée, nuisibles à une plante et utiles à l'autre. Pourtant le fait est vrai, et même des plantes appelées plantes améliorantes, qui ont des organes aériens très développés, en sorte qu'ils puisent surtout leurs éléments dans l'air, et dont les racines restent dans le sol, en sorte que la récolte enlève peu ou point d'azote, peu de silice, substance si nécessaire au blé, et seulement un peu d'alcali, — de telles plantes ne peuvent rester longtemps vivantes sur le même champ. Assurément il y a là quelque chose d'inexplicable encore aujourd'hui.

Il résulte de tout cela que le plus important pour un agriculteur est de ne pas exporter au dehors une grande quantité de sels minéraux. La Sicile, le grenier des Romains, les provinces de Virginie et du Maryland sont devenues improductives ; l'Angleterre même le serait aujourd'hui, tant elle a perdu de phosphore, si les perfectionnements de son agriculture et la découverte de nouveaux gisements de phosphate de chaux ne l'avaient sauvée. Ce résultat funeste, là où les lois de la chimie ne sont pas observées, où le bilan entre l'exportation et l'importation n'est pas exactement fait, est plus ou moins tardif, mais il est infaillible. Ce qui ruine les états ruine aussi les particuliers. Chacun doit s'attacher à vendre surtout des matières organiques qui ont été enlevées à l'air. C'est en ce sens que la culture du blé doit être restreinte, car la vente de chaque hectolitre diminue l'avoir du cultivateur de près de 2 kilogrammes de phosphates de chaux, de potasse et de magnésie qu'il faut racheter. Les betteraves au contraire, le sorgho, l'orge, les pommes de terre, etc., peuvent facilement n'être pas vendus en nature, ou du moins peuvent être restitués en partie au sol. Il suffit d'extraire la fécule, le sucre, l'amidon ou l'alcool, en gardant les résidus, qui, pour l'agriculteur, sont les matières véritablement précieuses. Aussi une féculerie, une raffinerie ou toute autre industrie jointe à une ferme ou voisine de l'exploitation sont-elles d'une utilité incontestable. Non-seulement le bénéfice provient de ce qu'aux revenus du fermier s'ajoutent ceux de l'industriel, mais surtout le fermier ne vend alors que l'air du ciel, et il n'a dépensé que la main-d'œuvre ; il n'a perdu ni phosphates, ni silicates, ni soude, ni chaux, ni potasse, c'est-à-dire ni sa chair ni son sang. Ici encore, on le voit, la théorie chimique vient confirmer les résultats des praticiens éclairés, et la ferme de Bresles, qui rapporte 17 pour 100 à ses propriétaires, est là pour prouver si la raison n'est pas du même côté que le succès. Quoique ces notions soient vulgaires aujourd'hui, nous ne devons pas dédaigner de les répéter, car l'accord entre la théorie et la pratique prouve, non pas l'utilité intellectuelle des notions scientifiques, qu'on n'ose plus mettre en doute, mais l'utilité pratique de ces notions, beaucoup plus contestée.

Section IV

Les animaux, comme les plantes, sont soumis aux lois de la chimie ; vivre ou engraisser, c'est être le siège de réactions chimiques bien déterminées, et les principes, vrais pour les uns, sont vrais pour les autres. Eux aussi, a très bien dit M. Isidore Pierre, sont comme des armoires, et on n'en peut retirer que ce qu'on y a mis. Ils font de la chair, du lait, des os, de la graisse, lorsque les substances dont on les a nourris contiennent les éléments de ces composés, et sauf les maladies, dues pour la plupart à d'autres réactions moins connues, ils ne maigrissent que lorsqu'ils ne mangent point assez, comme une plante est faible si le sol est stérile. Chez eux aussi, nous trouvons du carbone, de l'azote, de l'hydrogène, de l'oxygène et des sels minéraux ; mais il y a cette différence, qu'ils n'empruntent rien à l'air, et que leur respiration est la cause d'une perte de substance et non d'un accroissement ; du moins les autres résultats de cette fonction sont trop mal connus pour devenir la base d'une théorie. Enfin, chez les animaux aussi, il y a peut-être une force vitale à laquelle il faut croire jusqu'au moment où tous les phénomènes pourront s'expliquer par la chimie, la physique et les mathématiques. Ce moment semble se rapprocher sans cesse ; mais longtemps, toujours peut-être, l'impulsion primitive, non celle qui a amené le monde, il ne s'agit point de théologie, mais celle qui est particulière à chaque être animé, celle qui fait germer la plante et apparaître l'animal dans l'œuf restera inexplicable. Pourtant, même dans l'état actuel, on peut raisonner comme si cette force n'existait point, car elle ne produit par elle-même aucune réaction chimique, et dans un certain sens ne met obstacle à aucune. Elle agit comme la chaleur ou l'électricité, qui rendent possibles certaines combinaisons difficiles dans l'état normal, mais non scientifiquement impossibles, et en même temps elle annihile parfois l'influence perturbatrice de ces forces, comme la chaleur pourrait empêcher l'électricité de produire un phénomène. La plupart des combinaisons organiques ont besoin d'être ainsi aidées, car les éléments ne sont pas ici fortement unis comme dans les minéraux, et les affinités sont moins puissantes.

Entre les deux règnes pourtant une barrière a été élevée qui n'a pas encore été renversée. Les plantes puisent dans l'air ou dans le sol des corps simples, c'est-à-dire des corps dont la décomposition nous est impossible. Elles combinent ces éléments pour former du bois ou de la paille, du blé ou des roses. On ignore comment s'exécutent ces combinaisons entre des corps à peine doués d'affinité les uns pour les autres, et l'on n'a jamais pu, dans aucune cornue, dans aucun creuset, provoquer une de ces combinaisons si variées et si communes. Ces composés sont loin d'être formés au hasard, et on a pu les diviser en familles ; ce sont du sucre, de la résine, de la fécule, ou des principes azotés comme le gluten, l'albumine et la fibrine. Dans l'estomac des animaux, les choses ne se passent pas de même, et ils sont sous ce rapport inférieurs ou supérieurs. Il est à peu près prouvé qu'un animal est incapable de combiner deux corps simples pour faire un composé organique. La fibrine et l'albumine, qui constituent sa chair et son sang, ne sont pas fabriquées par lui de toutes pièces : elles sont prises toutes formées dans le foin ou dans l'avoine, et subissent à peine une transformation pour devenir du sang, puis de la chair. L'intérieur des végétaux est ainsi une sorte de laboratoire où se forment les principes immédiats nécessaires aux animaux, et de cette façon il n'y a pas une si grande différence qu'on le croirait entre les animaux carnivores et les herbivores. Il est un peu plus facile, plus court surtout, de transformer de la viande en chair nouvelle que des fourrages, mais les deux opérations ne sont pas essentiellement différentes. Les carnivores ont un tube digestif moins long que les herbivores ; les réactions chimiques sont à peu près partout les mêmes. Ainsi l'on sait que chez le lion, le tube digestif a trois fois la longueur du corps ; chez le mouton, il a dix-sept fois cette même longueur. Pour ceux qui aiment ce genre de comparaison, on peut dire qu'il y a une sorte d'échelle qui part des substances minérales servant d'aliments aux plantes, et qui se termine aux parties les plus complexes de l'organisme animal. La vie des uns commence là où finit celle des autres.

Les hommes et les animaux perdent sans cesse par la respiration de l'oxygène et du carbone. L'oxygène vient du dehors, mais le carbone de l'acide carbonique qui sort du poumon vient des aliments. En même temps chaque animal produit de la force, de la chaleur, du lait ou de la graisse. Il faut donc lui donner deux sortes d'aliments, les uns destinés à entretenir la respiration, qui est d'autant plus active que plus de force est dépensée (ce sont les aliments respiratoires), et d'autres qui doivent faire de la chair. Nous n'insisterons point sur cette distinction, qui a déjà été exposée ici même par M. Payen, et c'est surtout des derniers aliments que nous devons parler, des aliments plastiques. Les premiers n'ont pas besoin d'être azotés, et il est important de mélanger habilement ces deux sortes de nourritures, car les unes sont plus coûteuses que les autres, et il ne serait pas raisonnable, par exemple, de donner à un cheval du grain seulement, car une grande partie des substances que le grain contient ne servirait qu'à la respiration, à laquelle peuvent suffire des fourrages, aliments moins précieux, formés surtout de carbone, d'hydrogène et d'oxygène. Un cheval brûle par jour 1,700 grammes de carbone, et il les prend dans ses aliments ; il est clair que pour cet objet les fourrages, considérés comme peu nourrissants, sont aussi bons que de l'avoine. C'est d'après le même principe que pour les animaux malades, qui ne peuvent ni digérer ni assimiler, il faut agir en sens inverse ; il importe de leur conserver la chaleur, qui est la vie, mais on ne peut songer à augmenter leur poids. Les médecins ordonnent aux convalescents des épinards ou des plantes analogues : elles ne servent qu'à être brûlées, aurait dit Lavoisier ; mais elles ne peuvent former un atome de chair, ni de sang.

Pour savoir si un aliment est nutritif, il faut l'analyser, et toutes les expériences diverses des agriculteurs, qui ne sont pas comparables entre elles, ne doivent intervenir que comme des preuves nouvelles des résultats de la chimie ; mais on ne saurait rien fonder sur des essais aussi variables, et qui dépendent de tant de causes mal connues. C'est par la chimie seule qu'on a pu établir des divisions mathématiquement exactes entre les aliments, ainsi qu'une échelle comparative. On a dressé des tables d'équivalents, et on peut savoir comment un aliment peut en remplacer un autre, par exemple quelle quantité de foin équivaut à 1 quintal de luzerne. C'est ce qu'on appelle les équivalents des fourrages. Sous ce rapport, les anciens livres d'agriculture sont remplis de contradictions et de fautes. Ainsi, pour la valeur nutritive des pois, on a admis des nombres qui varient dans le rapport de 3 à 8, pour celle du trèfle fané du simple au double. Mathieu de Dombasle, le plus exact des agriculteurs, s'est souvent fourvoyé ainsi, et par conséquent le procédé direct, qui a trompé un tel agronome, ne saurait être bon. Le chimiste le moins habile ne pourrait s'y tromper aujourd'hui, et peut affirmer, autant que l'affirmation est permise dans la science, quel est l'équivalent d'une ration, c'est-à-dire quelle quantité d'un autre fourrage il faut donner à un animal pour le maintenir dans le même état, au même point d'engraissement, avec la même dépense de force. Ces données, bien entendu, ont besoin d'être complétées par l'observation, qui enseigne quels animaux assimilent le mieux ce qu'on leur donne, quels sont ceux qui sont le plus disposés à faire de la chair que de la graisse, du lait que de la laine. La question est complexe en effet, car on ne demande pas la même chose à tous les animaux. Les uns dépensent de la force, c'est-à-dire de la chaleur et du carbone ; les autres donnent de la chair ou de la laine, c'est-à-dire des substances azotées et soufrées ; quelques-uns, de la graisse qui ne contient pas d'azote, d'autres enfin du lait. Il faut donc donner aux uns des substances riches en carbone, comme l'amidon et la fécule, à d'autres de l'albumine, du gluten, de la graisse, sans oublier les principes minéraux nécessaires aux réactions chimiques bien connues de la digestion et à la formation des os. Enfin il faut les varier et les alterner, car aucun animal n'est parqué dans une spécialité exclusive, et si l'un a besoin de cinq ou six fois plus d'aliments respiratoires que d'aliments plastiques, celui qui reste à l'écurie doit en absorber moins que celui qui travaille, mais il doit en absorber cependant, car il respire. La variété enfin est nécessaire ; on ne peut vivre avec un seul aliment, même nourrissant, pris d'une manière continue.

Les détails seraient infinis, et nous n'insistons que parce que cette partie de la chimie agricole est, sinon plus contestée, du moins plus ignorée que l'autre. Elle est plus difficile que la chimie végétale, mais elle n'est pas moins importante. La production de la viande est plus imparfaite encore en France que celle du blé. De cette production dépendent une foule d'arts et d'industries, et en moyenne elle n'entre que pour un dixième dans l'alimentation publique ; elle devrait y entrer pour un quart au moins. Toute science qui enseigne à développer cette production, soit en employant mieux les aliments ordinaires, soit en faisant servir ce qui était autrefois considéré comme un déchet, est utile. C'est ce qui arrive par exemple pour les résidus de la fabrication du sucre, pour les tourteaux de lin et de colza, pour la paille, et surtout pour les balles de blé ou d'avoine. Toutes ces substances et une foule d'autres étaient employées seulement comme engrais ; beaucoup de carbone et d'azote était perdu et ne remplissait qu'un rôle médiocre dans le mouvement universel qui anime la matière. Tous ces résidus ne servaient que de support et d'accompagnement aux matières véritablement utiles ; ils tendent, comme les autres, à suivre le circuit complet, et à ne rentrer dans la terre pour produire de nouvelles plantes qu'après avoir, comme les autres, servi à l'alimentation publique. La chimie seule serait impuissante à indiquer tous ces perfectionnements, mais elle y peut aider. Comment pourrait-on savoir si la production de la laine est profitable dans tel pays ou dans tel autre, si l'on n'en connaissait la composition ? La laine contient de 16 à 18 pour 100 d'azote, tandis que dans la viande il n'y en a que 3 1/2 pour 100 ; mais d'un autre côté le fumier d'une bergerie où les moutons donnent beaucoup de laine est plus mauvais. Comment comparer tout cela et tirer de justes conclusions par des expériences directes sur les champs fumés et sur les animaux ? En étudiant par l'analyse ce qu'on a gagné d'un côté et ce qu'on a perdu de l'autre, ce que vaut l'azote sous la forme de laine et l'azote sous la forme de fumier, on arrive à des chiffres rigoureusement exacts. Il en est de même de la production des cornes, qui sont aussi très azotées, et des calculs sur les avantages de la production du lait comparée à celle de la viande. Le lait renferme 8gr 5 d'azote par litre, et le foin 11gr 5 par kilogramme. Pour faire 15 litres de lait, il faut donc à une vache 13 kilogrammes de bon foin, outre ce qu'elle doit absorber pour ses autres fonctions. Toutes ces indications sont surtout des moyens d'arriver à la vérité, qui dépend de tant de causes ; mais ce sont les meilleurs, tantôt pour vérifier les résultats des expériences agricoles, tantôt pour arrêter les agronomes dans une voie funeste.

Les traités de chimie agricole enseignent tout cela, et c'est à ces livres qu'il faut s'adresser. Ce sont les plus pratiques de tous les ouvrages d'agriculture que j'aie lus, ce sont surtout les plus clairs et les plus raisonnables. Quant à la dose de science qu'il faut posséder pour les comprendre, elle est bien faible la plupart du temps. Pour les personnes habituées au langage scientifique, le meilleur de tous est l'excellent *Traité de Chimie générale* de MM. Pelouze et Frémy, dont un volume tout entier est consacré à l'analyse des plantes, du sol et des engrais. Si l'on veut un langage plus simple, on peut consulter le *Traité d'Économie rurale* de M. Boussingault, dont les expériences et les pensées forment le fonds de tous les essais plus récents. Un des livres de chimie agricole les plus clairs est celui de M. Malaguti, qui n'exige aucune étude préalable. Il est composé de leçons qui remontent à 1847, et la science a fait des progrès depuis dix ans ; mais si les agriculteurs n'étaient en retard que de dix années sur les savants, ils seraient plus avancés qu'ils ne sont. N'eussent-ils étudié la chimie agricole que dans l'excellente traduction, qui a paru il y a trente ans, du livre de Davy,[1] un grand pas serait déjà fait. Un autre ouvrage moins élémentaire que celui de M. Malaguti, moins scientifique que le *Traité de Chimie générale*, est celui de M. Isidore Pierre, professeur à la faculté de Caen. C'est aussi un livre attachant et sagement écrit. Enfin nous avons cité en tête de cette étude, un *Précis élémentaire de Chimie agricole* qui n'est pas sans mérite et dont la lecture est intéressante ; mais il n'est pas fait pour tout le monde. L'auteur, M. Sacc, professeur à l'académie de Neuchâtel en Suisse, présente comme certaines des théories très contestées ; sa doctrine sur l'humus, sans être fausse de tout point, pourrait facilement être combattue. Ajoutons aussi que son sujet ne le maintient pas toujours dans de justes limites, et qu'il est souvent entraîné par son goût pour les causes finales. On pourrait dire que son livre est un traité de chimie agricole au point de vue théologique, et cependant l'ordre du monde, surtout la simplicité de cet ordre, sont fort difficiles à démontrer, comme un système rigoureusement exact, quand il s'agit de la végétation et de la nutrition des plantes et des animaux.

---

[1] *L'Art de préparer les terres et d'appliquer les engrais, ou Chimie appliquée à l'Agriculture*, par sir Humphry Davy, etc., Paris 1825.

Section V

Des Espagnols abordèrent un jour dans une contrée du Nouveau-Monde dont les habitants grossiers ignoraient encore l'usage du feu. C'était en hiver. Ils dirent aux habitants qu'avec du bois et une autre chose, ils imiteraient le soleil et allumeraient sur la terre un feu tel que celui de cet astre. Vous connaissez donc ce que c'est que le bois ? dirent les habitants de la contrée aux Espagnols. — Non. — Vous connaissez donc le feu qui luit au soleil ? — Non. — Vous connaissez donc au moins comment le feu prend au bois ? — Non. — Et quand vous avez allumé le feu, sans doute vous savez l'éteindre ? — Oui. — Et avec quoi ? — Avec l'eau. — Et vous savez donc ce que c'est que l'eau ? — Non. — Et vous savez donc comment le feu est éteint par l'eau ? — Non. Les habitants de la contrée se mirent à rire et tournèrent le dos aux Espagnols, qui allumèrent du feu qu'ils ne connaissaient pas avec du bois qu'ils ne connaissaient pas, sans savoir comment se consumait le bois, et ensuite, avec l'eau qu'ils ne connaissaient pas, ils éteignirent le feu qu'ils ne connaissaient pas, sans savoir comment l'eau éteignait le feu. C'est Diderot qui raconte cette histoire, et l'application à l'agriculture en est facile. Longtemps on a semé et fait germer des graines sans savoir ce que c'est que la végétation, on a employé des fumiers en ignorant comment ils agissent, on a nourri des bestiaux avec du foin sans connaître l'équivalent du foin. Les bœufs engraissaient pourtant, et le blé poussait. Bien des agriculteurs s'enrichissaient sans savoir la chimie. La famine arrivait parfois ; mais les temps de disette sont-ils loin de nous ? On ne savait pas ce qu'on faisait ; qu'importe si tout allait aussi bien ou mieux qu'aujourd'hui ? Le feu chauffait-il moins quand on ignorait la composition du bois et les phénomènes chimiques de la combustion, et n'y a-t-il pas eu des novateurs ruinés pour s'être trop hardiment avancés sur la foi d'une idée théorique ?

Il ne manque pas en effet de gens qui soutiennent que l'instruction et la science sont sans doute de belles choses, mais faites pour les savants, tandis que la pratique est réservée à d'autres, apparemment aux ignorants. Les progrès les épouvantent ; comme on ne s'est pas plaint jusqu'ici, ils pensent que rien n'est à reprendre, et ils préfèrent les *Géorgiques de Virgile aux* traités d'économie rurale *de M. de Lavergne et de M. Boussingault.* Ils couvrent la routine du nom d'expérience, et l'opposent aux meilleures observations. D'autres, plus raisonnables, tentent de combattre les chimistes avec leurs propres armes. Vous croyez tout expliquer, dirent-ils, et des opérations agricoles d'une utilité incontestable sont encore mystérieuses pour vous ! Vous ignorez pourquoi une plante ne peut venir longtemps de suite sur le même terrain, pourquoi un animal ne peut supporter toute sa vie un aliment unique, quelque nourrissant qu'il soit. N'avez-vous pas sur l'action des engrais, sur la décomposition des nitrates, sur l'absorption de l'azote des opinions très diverses, et ne sont-ce pas des choses fondamentales ? Vous assurez que la terre n'agit point dans la végétation et fournit seulement aux végétaux des sucs nourriciers, comme un puits fournit de l'eau à une pompe, et pourtant un champ qui n'a pas porté de récolte pendant un an est plus fertile l'année suivante, quoiqu'il semble n'avoir rien perdu ni rien gagné ! La terre a donc une force végétative qui s'accroît par le repos. Des animaux nourris suivant les préceptes de la science ont maigri, et une personne intelligente ayant élevé diversement deux troupeaux de dindons, le troupeau dirigé scientifiquement est mort, tandis que l'autre a prospéré. Des animaux qui mangent plus de sel que leur corps n'en doit contenir engraissent plus que les autres. Il y a donc des stimulants, et alors comment les distinguer des aliments proprement dits ? En un mot, là comme partout, on rencontre des esprits théoriquement opposés à tout progrès, d'autres qui aimeraient la science, mais qui nient sa perfection et son utilité, d'autres surtout qui se présentent comme des victimes de la science et se vantent d'avoir trouvé la ruine dans l'excès de savoir. De toutes ces objections, les unes ne doivent arrêter personne, les autres sont sérieuses. D'abord je ne pense pas que la science ait besoin d'être défendue, ni le discours de Rousseau réfuté encore une fois. S'il existe aujourd'hui même des ennemis acharnés de tout changement raisonné, d'aveugles amis d'une indolente oisiveté, qui croient imiter leurs pères en vivant fiers de leur ignorance, ce n'est point à de tels adversaires qu'on s'adresse ici. Ils ont bien d'autres choses à apprendre avant la chimie, et, comme on aurait dit au XVIIIe siècle, il faut qu'ils sachent être citoyens avant d'être agriculteurs ; la société moderne leur impose, sous peine d'une déchéance bien méritée, l'effort et le travail. Mais, sans imiter cette torpeur systématique, des hommes prudents pourraient avoir scrupule ou répugnance à s'abandonner au gouvernement de l'Académie des Sciences et à n'étudier l'agriculture que dans les traités de chimie : aussi n'est-ce point ce qu'on leur conseille. Nous voudrions seulement obtenir qu'on ne rejetât rien à priori, et qu'on sût distinguer, ce qui n'est pas aussi difficile qu'on le dit, la théorie probable de l'hypothèse gratuite, qu'on fît pour l'agriculture ce qu'on a fait heureusement pour toutes les autres industries, mais sans secousses, sans perturbations. Les conservateurs sages sont utiles peut-être en agriculture, mais là comme ailleurs les absolutistes sont funestes.

Quant aux jachères, au sel, à l'écobuage, aux labours, aux substances azotées qui ne fument pas, aux erreurs des chimistes agricoles, toutes les objections qu'on prend là sont puériles. La jachère est condamnée, car, pour qu'elle fût profitable, il faudrait que la récolte suivante représentât le produit de deux ou trois années, ce qui n'arrive point. Cette récolte est bonne pourtant, car l'air agit chimiquement sur les sels du sol, une série de combinaisons bien connues se produit, et certains sels insolubles deviennent ainsi propres à être absorbés, des matières organiques se décomposent et augmentent la proportion d'ammoniaque. Si l'on peut dire avec Virgile :

Saepe etiam stériles incendere profuit agros,

Atque levem stipulam crepitantibus urere flammis,

c'est que l'écobuage ou le brûlis dessèche l'argile du sol, la rend friable et propre à absorber, comme toute substance poreuse, les produits organiques volatils. En même temps le carbonate de chaux est décomposé, et la chaux non carbonatée est plus assimilable. Les labours détruisent les mauvaises herbes, facilitent l'extension des racines, mais aussi mélangent les engrais, aident aux combinaisons, et, en retournant le sol, permettent à toutes ses parties de s'oxyder au contact de l'air. Si des fumiers excellents n'ont pas agi, c'est qu'ils étaient d'une décomposition difficile, et les chimistes savent distinguer ceux qui sont dans ce cas. Ainsi les débris des roches feldspathiques, qui forment des terrains très alcalins, ne sont pas tout d'abord fertiles, même pour des plantes alcalines, car le feldspath a besoin d'être décomposé pour devenir assimilable. Si le sel semble nourrissant, cela tient à ce qu'il favorise d'abord mécaniquement l'absorption, qu'il est antiseptique, empêche l'altération des sucs, et surtout qu'il fournit à l'estomac un acide, l'acide chlorhydrique, qui fait la base du suc gastrique, et au sang la soude dont il a besoin.

Il serait trop long de répondre à tout, et d'ailleurs, si quelquefois on ne le pouvait point, si l'on s'était trompé, que conclure ? Qui ne s'est pas trompé ? Il est certain que, sur la production de la graisse, l'opinion d'abord répandue, et qui semblait prouvée, est fausse. On croyait que les animaux ne pouvaient faire de la graisse, et qu'ils puisaient toute la leur dans les aliments, qu'ils l'oxydaient seulement plus ou moins pour faire du suif, du beurre ou de la graisse de porc. Les expériences de deux grands chimistes semblaient démontrer qu'un bœuf gras a toujours moins de graisse qu'on ne lui en a donné, car le foin en contient 35 grammes, le trèfle fané 40 grammes, la paille d'avoine 51 grammes, le maïs 88 grammes, la pomme de terre seulement 0gr, 9, et la betterave 1gr, 1 par kilogramme ; mais d'autres observations sur les abeilles ont prouvé que celles-ci produisent cinq fois plus de cire qu'elles n'en absorbent. Des porcs pesant 200 kilogrammes, dont 84 kilogrammes de graisse, ne mangent que 500 kil. de faînes ou 600 kil. de glands, c'est-à- dire, dans le premier cas, 75 kil. de graisse, et 19k,5 dans le second. On s'était donc trompé, cela est certain. Bien plus, cette production de graisse, la formation du sucre, démontrée par M. Bernard, me porteraient à supposer, contrairement à l'opinion établie, que l'organisme des animaux est peut-être capable de produire tous les principes immédiats, comme la fibrine et l'albumine, et que ces mêmes substances, introduites dans l'économie, sont décomposées pour être reformées ensuite. Cette opinion ne saurait être hardiment soutenue sans des expériences nouvelles, mais elle me semble probable. Pourtant, quand même elle serait un jour démontrée, serait-ce une raison pour ne plus croire les chimistes sur rien et pour proscrire en masse les résultats d'une science admirable ?

Il est arrivé souvent que des gens habiles ont échoué, et l'on en conclut que la science est pernicieuse en agriculture ; mais l'ignorance n'a jamais été une cause de succès, et l'agriculture anglaise est là pour démontrer que la routine n'est pas seule propre à produire à bon marché de la viande et du grain. La ferme de Bechelbronn et tant d'autres prouvent aussi que, fût-on un homme d'esprit, un membre de l'Académie des Sciences, un chimiste et un observateur habile, fût-on M. Boussingault, on peut réussir à diriger une exploitation, et qu'il n'est pas toujours inutile de savoir ce qu'on fait. Cependant de la patrie même de la culture savante sont venues des attaques contre M. Liebig. Dans le journal de la Société royale d'agriculture, M. Lawes a assuré que des expériences directes sur le sol contredisaient les théories de laboratoire, et que celles-ci écoutées devaient rendre en peu de temps stérile le champ du cultivateur. Des Allemands l'ont suivi dans cette voie, et M. Liebig s'est vu violemment attaqué. Il s'est aussi vivement défendu, et nous ne parlons du débat que parce qu'il pourrait effrayer les timides. Il s'agit de l'azote, c'est-à-dire d'une des plus grandes questions de la chimie agricole. Les agriculteurs anglais et allemands ont accusé le professeur de Giessen d'avoir affirmé que tout l'azote des plantes provient de l'ammoniaque de l'air. M. Liebig a tenté de se justifier en répondant qu'on avait pris d'une façon trop absolue quelques phrases de son livre, et que surtout on avait eu tort de conclure de ses assertions que les sels azotés, sels d'ammoniaque ou nitrates, devaient être inutiles et nuisibles. C'est surtout sur ce dernier point que sa défense est excellente. Sur le premier, elle est difficile, car il est certain qu'il avait combattu la plupart des chimistes de la France, où l'on soutenait qu'il fallait faire deux parts de l'azote des plantes, — l'une venant de l'air et l'autre du sol. Sur le second point, M. Liebig est inattaquable, car, pour d'autres raisons, il avait reconnu l'utilité des sels d'azote, surtout afin de dissoudre les silicates et les phosphates terreux. Pour lui, l'ammoniaque employé comme engrais, quand le sol est dépourvu de sels minéraux, ressemble à l'eau-de-vie que le pauvre boit pour accroître en un temps donné les forces nécessaires à son travail : dans les deux cas, il survient un épuisement. Et rien effectivement n'est certain sous ce rapport : un hectare du plus mauvais terrain, en lui supposant 0m, 25 d'épaisseur, contient 2,000 kilog. d'ammoniaque, et les terres de qualité moyenne en ont de 8,000 à 9,000 kilog Le meilleur engrais n'en fournit pas 100 kilog., et les plus riches récoltes n'en prélèvent pas la moitié.

Ce sont là néanmoins des nuages légers dans un ciel pur, et l'on ne peut demander la perfection à une science si récente. Peu importe que l'on discute encore sur l'absorption de l'azote dans l'air ou dans le sol, directement ou par l'intermédiaire de l'ammoniaque, puisque tous les chimistes s'accordent sur les moyens à prendre pour obtenir la meilleure récolte. Les praticiens trouvent dans la chimie agricole assez de résultats certains pour n'avoir pas à s'inquiéter de ce qui est encore problématique. Nous-même, malgré nos efforts pour éviter les détails, nous espérons avoir montré que l'introduction de la chimie dans l'agriculture pouvait être raisonnable et satisfaire en même temps les cultivateurs et les curieux, en apprenant aux uns à bien faire et aux autres pourquoi l'on fait bien. On a vu aussi, je pense, combien la chimie agricole comporte peu les généralités. On comprend qu'il est injuste de traiter de théoricien le savant qui observe scrupuleusement la nature, qui reprend matériellement dans son laboratoire les réactions qui se passent dans les champs ou les basses-cours, qui a vu de ses yeux s'accomplir tous les phénomènes de la végétation, et qui, appuyé sur la balance et le microscope, peut s'avancer hardiment dans ce chemin difficile où l'agriculteur abandonné à lui-même ne peut marcher que d'un pas incertain. Le théoricien à hypothèses est celui qui ne songe qu'aux effets du vent et du brouillard, qui consulte son baromètre pour prévoir le beau temps ou la pluie, qui s'inquiète de la lune et de son influence, qui raisonne au hasard sur les lieux où les plantes se plaisent, sur les terres froides ou chaudes, sur les champs qui se reposent ou se fatiguent, sur les effets mystérieux d'un engrais, d'un remède ou d'un aliment, — qui en un mot se dirige suivant des lois de la culture qu'il croit différentes des lois générales de la nature.

ISBN : 978-1719142328

www.ingramcontent.com/pod-product-compliance
Lightning Source LLC
Chambersburg PA
CBHW070140230526
45472CB00004B/1623